浪花朵朵

天黑后的世界

黑夜科学书

[加]莉萨·德雷斯蒂·贝提克 著　　[加]乔西·霍利纳提 绘　　王春 译

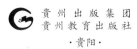

贵州出版集团
贵州教育出版社
·贵阳·

对诺亚和威尔来说，好奇心使他们的生活变得更富激情、更加精彩。

——莉萨·德雷斯蒂·贝提克

作者鸣谢

非常感谢 Kids Can Press（一家来自加拿大的儿童出版公司）的所有人，尤其是我的编辑凯瑟琳·基南和亚塞明·乌卡尔。这是我的第一本书，也正是由于这两位经验丰富的专业人士的帮助，我才得以创作出这本令人激动的作品。感谢才华横溢的乔西·霍利纳提，他绘制的精美插图点亮了书中的每一页。还要感谢专业审校塔米·杰楚拉博士、斯科特·拉姆齐博士、希拉·莱昂斯－索巴斯基博士和尼科尔·泽尔纳博士，感谢他们提供了专业而有趣的建议。衷心感谢我的家人，特别是马特、诺亚和威尔，感谢他们一直以来对我的爱护和支持，是他们的热情支撑着我完成了这本书。

图书在版编目（CIP）数据

天黑后的世界：黑夜科学书 / (加) 莉萨·德雷斯蒂·贝提克著；(加) 乔西·霍利纳提绘；王春译.

贵阳：贵州教育出版社，2024. 9. -- ISBN 978-7-5456-1853-2

Ⅰ. P193-49

中国国家版本馆CIP数据核字第2024H4Y954号

TIANHEI HOU DE SHIJIE: HEIYE KEXUESHU

天黑后的世界：黑夜科学书

[加] 莉萨·德雷斯蒂·贝提克 著　　[加] 乔西·霍利纳提 绘

王春 译

出版统筹：吴兴元

选题策划：北京浪花朵朵文化传播有限公司

责任编辑：曹 梅

特约编辑：胡晟男

封面设计：墨白空间·闫献龙

出版发行：贵州教育出版社

地　址：贵州省贵阳市观山湖区会展东路 SOHO 区 A 座

印　刷：雅迪云印（天津）科技有限公司

版　次：2024 年 9 月第 1 版

印　次：2024 年 9 月第 1 次印刷

开　本：889 毫米 × 1194 毫米　1/16

印　张：3.5

字　数：48 千字

书　号：ISBN 978-7-5456-1853-2

定　价：58.00 元

后浪出版咨询（北京）有限责任公司　版权所有，侵权必究

投诉信箱：editor@hinabook.com　fawu@hinabook.com

未经许可，不得以任何方式复制或者抄袭本书部分或全部内容

本书若有印、装质量问题，请与本公司联系调换，电话 010-64072833

目录 CONTENTS

天黑之后 会发生什么？

夕阳西下，天色渐暗，形形色色的生物都在准备入睡。夜越来越深，你可能会吃些夜宵，然后换上最喜欢的睡衣，刷牙，躺上床，在柔和的灯光下看会儿书。不久，你就会闭上眼睛，沉沉睡去。那么，你有没有想过，在你睡着的时候，这个世界会发生什么事情？

漆黑的夜晚，到处都发生着令人兴奋的事情。人类的大脑和身体可能看起来很安静，但实际上，它们正执行着许多重要的任务，让我们的身体保持健康。有些生物在夜间最为活跃，它们利用自己对环境特殊的适应能力，如硕大的眼睛或超凡的嗅觉，在较为安全的夜色中寻找食物。甚至连植物，在太阳落山后也很活跃！科学家们发现，植物在夜间会在其叶子内部做着某种数学运算。更为奇特的是，有少数植物只会在月光下开花。在我们头顶上方的夜空中，布满了遥远却明亮的发光物体。长久以来，它们一直激励着人类不断探索宇宙。

如果你想知道，在你睡觉时这个世界会发生哪些疯狂而奇妙的事情，那就赶紧翻到下一页，去见识夜幕降临后的神奇世界吧。

揭开
睡眠的奥秘

1964 年，一位美国青年兰迪·加德纳为了参加科学展览会，准备做一些激动人心的事。他决定尝试打破最长不睡觉时间的吉尼斯世界纪录，这意味着他将连续 11 个昼夜不能入睡。（如果你曾经尝试过一夜不睡觉，你就能明白兰迪要面对怎样的处境了！）

前几个不眠之夜，他并没有感到很难受。朋友们都在帮助他保持清醒，和他一起做游戏和运动，陪他聊天，在他需要的时候，鼓励他冲个冷水澡振作精神。但是兰迪保持清醒的时间越长，他面对的困难就越大。

后来，兰迪成功地打破了这项吉尼斯世界纪录，并在科学展览会上获得了荣誉。他连续 264 个

小时保持清醒，展现出了惊人的毅力和耐力，这太令人惊叹了！更重要的是，兰迪的实验为科学家们提供了宝贵的数据，进一步证实了睡眠对人类健康的重要性。当我们睡觉时，身体和大脑都在进行重要的修复和再生工作，使我们清醒后能以最佳的状态开始新的一天。

那么，睡眠对我们的身体到底有什么作用呢？当我们的外表看起来平静而安宁时，身体内部到底在发生着什么呢？

熄灯

如今，吉尼斯世界纪录已经不再记录人类保持清醒的最长时间。因为长时间不睡觉对人类来说很危险，吉尼斯官方不想鼓励其他人再重复尝试这类实验。

* 图中奖状上的英文意思是"吉尼斯世界纪录证书"。

他感到眼皮越来越沉。

他觉得视力模糊，难以阅读书籍或观看电视。

他变得暴躁，不想跟别人合作。

他出现说话困难的情况。

他变得越来越笨手笨脚，越来越健忘。

他甚至开始出现幻觉。

嘀嗒，嘀嗒，我们的生物钟

你可能会选择佩戴手表或携带其他具有时间显示功能的设备以便随时查看时间。与此同时，你体内也有一个生物钟，它能在适当的时刻提醒你什么时候醒来，什么时候入睡。这种自然的生理规律被称为**昼夜节律**。正如地球每 24 小时会自转一周，你的身体每 24 小时也会经历一个清醒和睡眠交替的周期。

视交叉上核是一组位于眼球后方的神经细胞，它负责接收来自视网膜的光明和黑暗的信息。视网膜是眼球壁最内层的薄组织，负责接收光线并向大脑发送电信号。一旦视交叉上核接收到这些信息，它会将其传递给大脑和身体的其他部分，以协调各项重要任务的时间。这些重要任务包括吃饭、睡觉和分泌**激素**等。

当外界变黑时，视交叉上核会告诉你的身体，是时候分泌褪黑素了——褪黑素是一种能让人感到困倦的激素。夜间，人体内褪黑素的分泌量大约是白天的 5~10 倍。

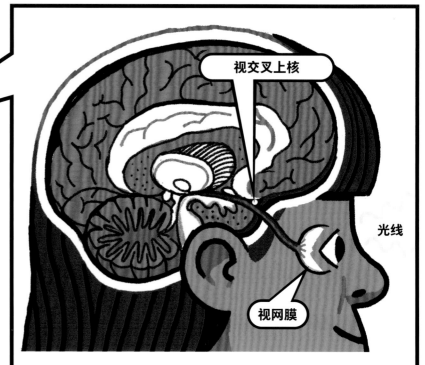

视交叉上核

光线

视网膜

视网膜感受到阳光时，视交叉上核会捕捉并解析这个信号，随后将这个信息发送给你的身体。于是你的身体就知道，新的一天开始了。你的体温逐渐上升，身体分泌出一种叫皮质醇的激素，它能有效提升你的警觉性。

太累了

如果你去过不同的时区，你可能会注意到自己的昼夜节律发生了变化。当为适应新时区而调节自己的昼夜节律时，你是否曾感到疲乏劳累、头昏眼花或暴躁易怒？这些感觉被称为时差反应，因为人体需要几天乃至几周的时间来重置内部生物钟。

同样，那些需要上夜班的人，比如医院和酒店的工作人员、警察、飞行员或卡车司机，他们发现自己正常的睡眠模式被打破后会有诸多不适。轮班人员必须想办法在白天有阳光的情况下睡觉，在天黑时保持清醒和警觉。为此，他们可能会借助耳塞和遮光窗帘来辅助自己在白天入睡。同时，保持规律饮食和在工作时保持忙碌状态则可能有助于人们在夜间保持清醒。

睡眠，分阶段

睡觉似乎很简单：我们闭着眼睛休息，对周围发生的事情几乎一无所知。但仔细观察就会发现，我们的大脑和身体在黑夜里是多么活跃。

夜间，人的睡眠会经历好几个周期，每个周期包括 4 个不同阶段的**非快速眼动睡眠**和 1 个阶段的**快速眼动睡眠**。

睡眠活动

深度睡眠　　做梦

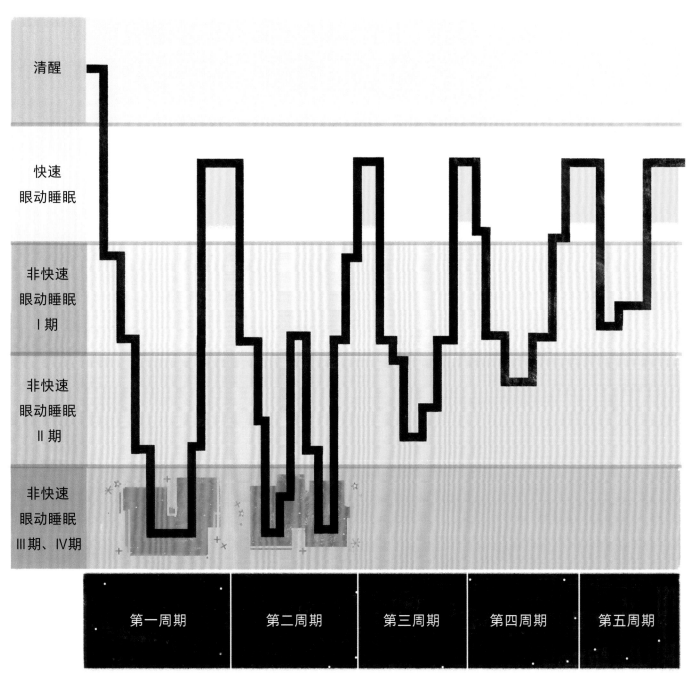

清醒

快速眼动睡眠

非快速眼动睡眠 I 期

非快速眼动睡眠 II 期

非快速眼动睡眠 III 期、IV 期

第一周期　　第二周期　　第三周期　　第四周期　　第五周期

10

非快速眼动睡眠 I 期

· 短暂的昏昏欲睡的阶段
· 呼吸频率正常
· 心率和大脑活动减慢
· 肌肉仍然保持活跃（眼球可能会慢慢转动，身体可能会突然抽动或摇晃）

非快速眼动睡眠 II 期

· 浅睡眠
· 呼吸和心率减慢，体温下降
· 大脑活动持续放缓，但也会伴随着一些突发的快速活动
· 肌肉活动减少

非快速眼动睡眠 III 期、IV 期

· 深度睡眠（很难醒来）
· 体温和血压降低
· 呼吸和心率进一步变慢
· 最容易发生梦游的阶段

非快速眼动睡眠 回到 II 期

· 短暂恢复浅睡眠

快速眼动睡眠

· 闭着眼睛的状态下，眼球快速随机左右转动
· 呼吸急促、较浅、不规律
· 心率变快，血压升高
· 大脑需要大量的氧气
· 注意力和思维均高度集中
· 做梦大多发生在这个阶段（特别是时间较长、印象深刻的梦）

　　入睡后的第一个完整的睡眠周期通常会经历所有这些阶段，持续大约 70~110 分钟。一个晚上一般重复循环 4~6 个周期。在夜间较靠前的周期里，我们更多时间处于非快速眼动睡眠的 II 期，也就是浅睡眠的状态；在夜间较后期的周期里，我们更多时间处于快速眼动睡眠的状态。

信不信由你

　　在快速眼动睡眠期间，你的身体会暂时瘫痪！指挥肌肉群进行运动的大脑脉冲被阻断，只有那些维持人类生命活动所必需的肌肉，比如心脏和肺部的肌肉，仍然保持活跃。也正是因为肌肉处于放松且无反应状态，人就不会试图随着梦境做出动作，伤害到自己。（如果你正在梦里展开疯狂冒险，这可是一件大好事！）

我们为什么要睡觉？

睡眠长期被视为人类身体和大脑的"休眠"时间，它让人得以休息和"充电"。然而，现代科学研究揭示，睡眠所起的作用远不止这些。

睡眠能让我们的大脑整理新获取的信息

当我们清醒的时候，大脑会接收并记录各种信息。而当进入睡眠状态时，大脑会对这些信息进行筛选和整理，决定哪些内容要与其他信息相结合，并归档以备将来使用。有研究表明，若在学习后安排适当的睡眠，将显著增强你对所学知识的记忆，提高掌握程度。（所以，熬夜备考可能不是一个好主意——你需要靠睡眠来掌握那些内容！）

睡眠会调节激素的分泌

激素是人和动物的内分泌器官分泌的一种物质。我们的身体主要在深度睡眠时分泌生长激素。这种激素对儿童和成人都很重要，因为它能修复和维护我们的身体组织。

睡眠还能帮助我们的胰岛素水平保持在正常的范围内。胰岛素是一种激素，它能控制血糖水平，促进细胞对葡萄糖的摄取和利用。葡萄糖是一种主要来源于食物的有机化合物。使我们感到饥饿的胃饥饿素，以及吃饱时发出信号的瘦素，也都是激素，都受睡眠的控制。当我们睡眠不足时，胃饥饿素就会失衡，导致我们可能吃得比身体实际需要的多。

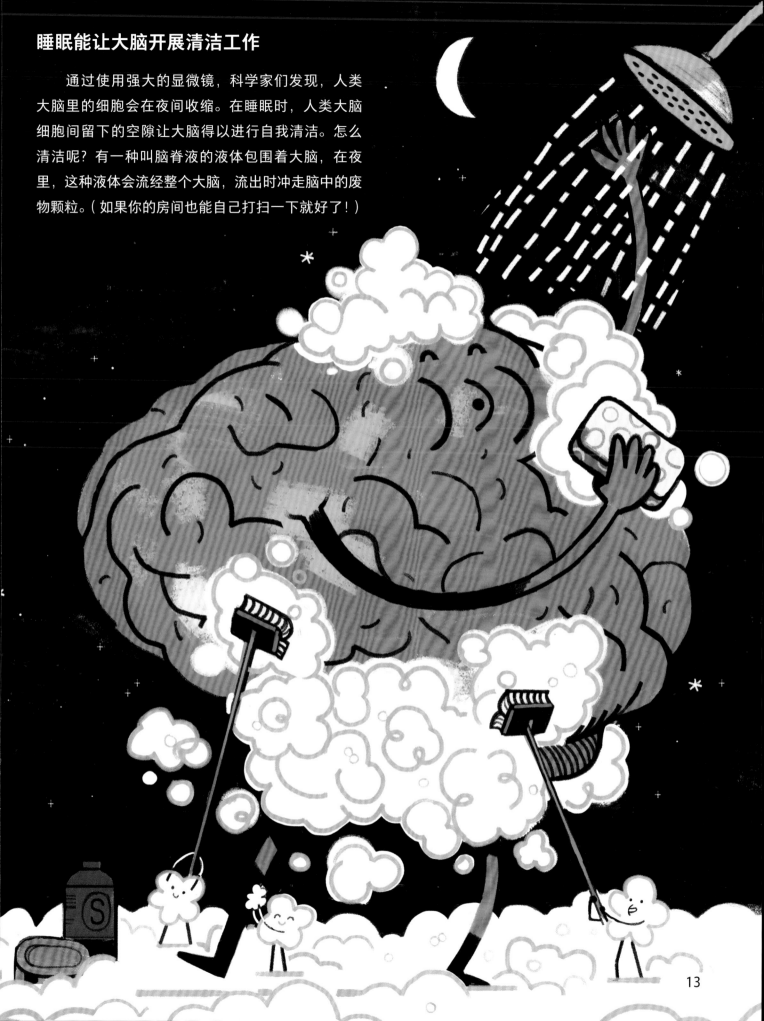

睡眠能让大脑开展清洁工作

通过使用强大的显微镜，科学家们发现，人类大脑里的细胞会在夜间收缩。在睡眠时，人类大脑细胞间留下的空隙让大脑得以进行自我清洁。怎么清洁呢？有一种叫脑脊液的液体包围着大脑，在夜里，这种液体会流经整个大脑，流出时冲走脑中的废物颗粒。（如果你的房间也能自己打扫一下就好了！）

一直在变化的睡眠模式

我们的身体随着时间的推移而成长、变化，所以睡眠模式也会变化。在婴儿时期，大脑和身体都忙着发育，所以婴儿每天需要 16～20 个小时的睡眠时间。但当婴儿长成青少年时，他们每晚只需要 8～10 个小时的睡眠。即使到了成年时期，睡眠模式也在不断变化。大多数人一生中约有三分之一的时间在睡觉。到你 75 岁的时候，你可能有 25 年的时间都花在了睡觉上。

婴儿的睡眠周期较短，大约持续 60 分钟，他们会先进入快速眼动睡眠状态。

儿童深度睡眠的时间比成年人更长。

老年人的深度睡眠时间更短，他们还会突然从深度睡眠中醒来。

青少年的昼夜节律不规律，他们觉得晚上睡得晚，早上起得晚是很自然的事。

从 18 岁开始，**成年人**每晚一般需要 7～9 个小时的睡眠时间。

什么是**打鼾?**

当一个人睡着时，嘴巴和喉咙后面的软组织会放松，这时这个区域的组织会变得非常柔软，以至于当空气通过时，冲击上气道软组织产生振动，发出噪声——这就是打鼾！打鼾也可能是舌体肥大、舌根后坠，或者感冒、过敏引发的上呼吸道组织肿胀导致的。大约 20% 的成年人经常打鼾。（有人了解过耳塞吗？）

一些打鼾者为了防止打鼾，会加高床头，或学习吹长笛、小号等管乐器以加强咽喉部肌肉力量。还有人会在睡衣后面缝一个网球！当仰卧不舒服时，人们多半会侧卧睡觉，这有助于保持呼吸道通畅。

午夜**冒险**

有些人，尤其是儿童，会在睡眠中起床四处行走——也就是梦游！梦游症发作时，人会在没有意识的情况下起床，并不知不觉地四处走动。梦游者有时会做出搬动家具、做饭等行为。他们的眼睛睁着，但不聚焦。如果你叫醒他们，他们看起来会很困惑。

梦里有什么？

你还记得自己做过的梦吗？不管我们是否记得，我们每天晚上都会做很多梦。大多数人一生中做梦的时间超过 52000 个小时。梦境一直是科学家们不断探索的课题。一般来说，梦反映着我们的日常生活。我们通常会梦到自己认识的人、知道的地方以及我们清醒时思考和经历过的类似的事。梦可以帮助我们加强记忆和管理情绪。

但我们做的那些逼真或怪诞的梦又是怎么回事呢？当我们做梦时，**大脑边缘系统**——大脑中负责感觉和反应的部分正在高速运转；但**前额叶皮质**的一些区域——大脑中负责推理、逻辑、计划的部分则没那么活跃。这使得我们的梦有时丰富多彩，有时情感真挚，但梦的内容可能相互之间没什么关联，也没什么太大意义。

让一切都有意义

许多科学家认为，梦能帮助我们的大脑理解自己每天经历的事情的意义。当我们做梦时，每天清醒时储存的记忆从海马流向大脑新皮质，并在那里与其他记忆发生联系。大脑通过梦来理解我们的经历，并将这些经历关联。

做梦还可以帮助我们制订方案，这些方案有助于我们清醒后应对未来的挑战。在一项实验中，一组人学习探索迷宫，之后其中一半的人打了个盹儿，而另一半人保持清醒。然后，那些睡了一觉并梦到迷宫的人找到出口的速度，比没有睡觉的人快得多！

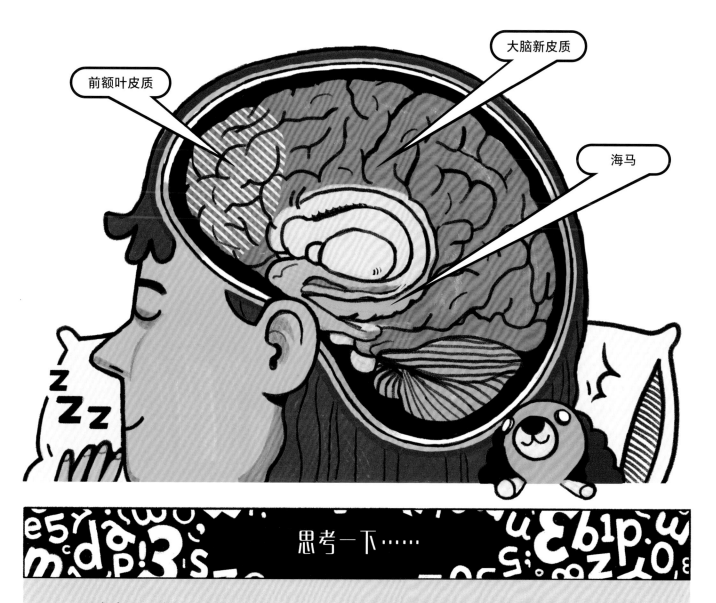

思考一下……

研究表明，我们很少梦到阅读、写作、计算或使用电脑等活动。我们可能会在梦中打开一本书，但很难梦到具体的文字。我们的大脑也很难改变梦里环境的光线。你曾梦见过开灯或关灯吗？

夜行性
动物

每天晚上，当人类准备睡觉时，其他许多生物才刚刚开始活动。白天，夜行性动物在隐秘的地方睡觉；晚上，它们才出来活动，在布满星星的夜空下，展开奔跑、飞翔、狩猎、觅食、筑巢等活动。

夜间最活跃的动物被称为夜行性动物，而那些在白天最活跃的动物被称为昼行性动物，**曙暮**性动物则在黎明时和黄昏时最活跃。

与适应能力有关

适应能力是让动物能在环境中生存下来的综合能力，这种综合能力可以代代相传。出于对环境的适应，夜行性动物发展出了一些特殊的能力，包括视觉、听觉、嗅觉等，甚至还发展出了在黑暗里发光的能力！

为什么有些动物在夜间最活跃？

有些动物，比如春雨蛙，白天会隐藏起来，以避免被日光下的捕食者发现。

一些掠食性动物夜间才出来捕食，因为它们的猎物在黑暗中最活跃。黑夜也给了豹子、狼和其他掠食性动物偷偷接近猎物的机会。

对一些动物来说，在夜间活动意味着与其他动物的竞争没那么激烈，包括食物、水、空间和住所等方面的竞争。（例如，猫头鹰在夜间捕食老鼠，这样就不会遇到鹰，因为鹰一般只会在白天捕食老鼠。）

干燥的沙漠夜间温度较低，得益于此，夜行性动物如耳廓狐，活动时不会感到太热，也不会脱水。

在黑暗的深海里

你知道吗？地球上规模最大的动物迁徙就发生在天黑之后。每天晚上，数以万亿计的海洋生物（它们被称为海洋动物群）——鱼、虾、磷虾、鱿鱼、水母以及桡足类动物等成群结队地从深海游到海面，以浮游生物为食。这些生物会在日出前游回更深的水域，以躲避白天觅食的捕食者。

夜视能力

你有没有看到过猫在黑夜里乱窜？有没有琢磨过它在黑暗中是如何看见东西的？猫的眼睛和人类的眼睛有一些相似之处。当光线到达位于眼球内部的视网膜时，视杆细胞和视锥细胞会捕捉到它，并通过视神经向大脑传递电信号。

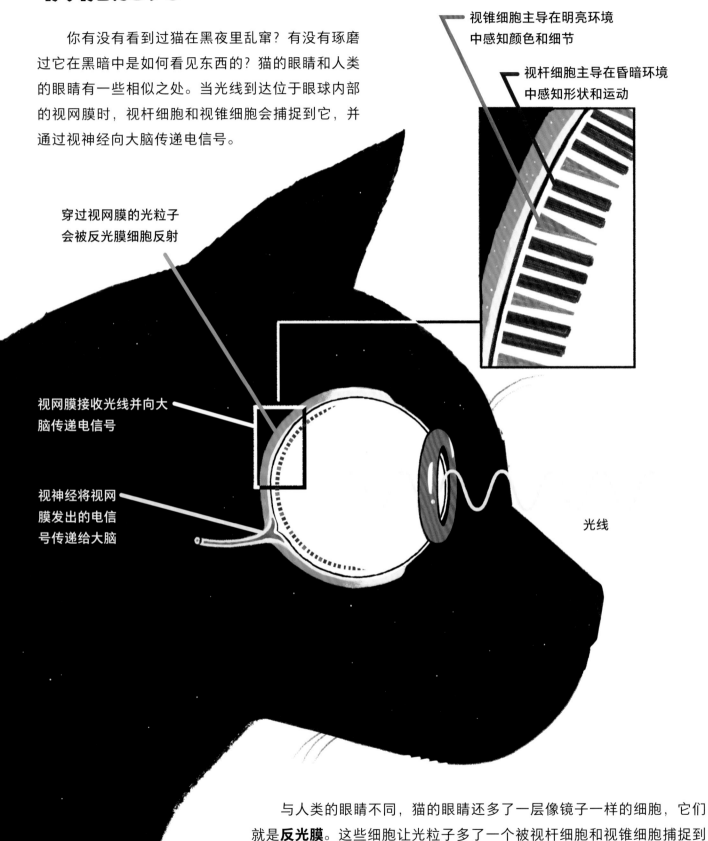

视锥细胞主导在明亮环境中感知颜色和细节

视杆细胞主导在昏暗环境中感知形状和运动

穿过视网膜的光粒子会被反光膜细胞反射

视网膜接收光线并向大脑传递电信号

视神经将视网膜发出的电信号传递给大脑

光线

与人类的眼睛不同，猫的眼睛还多了一层像镜子一样的细胞，它们就是**反光膜**。这些细胞让光粒子多了一个被视杆细胞和视锥细胞捕捉到的机会。光粒子被反射后穿过瞳孔，使猫的眼睛在黑暗中看起来会发光。

猫能看到！

与人类的眼睛相比，猫的眼睛的视杆细胞数量更多，视锥细胞数量更少，所以白天猫的远视能力没有人类那么敏锐。但在夜晚，猫在看到东西的形状，留意物体一闪而过的动作方面的夜视能力是人类的 6~8 倍。

巨大的眼睛

想象一下，如果你的每只眼睛都像葡萄柚那么大，你在黑暗中能看到什么呢？如果我们的眼睛和大脑的大小比例跟眼镜猴一样，那么我们的眼睛就会有葡萄柚这么大。小小的眼镜猴有着大大的眼睛和大大的瞳孔，因此会有更多的光线进入它们的眼睛。

但是眼睛大而脑袋小，意味着每只眼睛活动的空间很小，所以眼镜猴的眼球无法在眼窝里转动。为了获得更好的视野，眼镜猴会通过扭动它灵活的脖子来转动整个头部。其他一些大眼睛的夜行性动物，比如猫头鹰，也会通过转动自己的头来看清周围的事物。

夜里的噪声

除了大眼睛，猫头鹰还有其他的适应能力——它们拥有特别变异过的耳孔，能在夜间辨别方位和辅助捕猎。有些种类的猫头鹰耳孔不对称，一侧的耳孔会比另一侧的耳孔高。

猫头鹰会左右摆动脑袋，收集声音信息。这些来自上下左右各个方向的信号在猫头鹰的大脑中迅速会合，形成一幅地图，然后准确地对猎物进行定位。猫头鹰的脸部周围还长着一种特殊的羽毛。这些羽毛能像卫星天线一样工作，它们可以收集、放大声音，然后将声音传导到猫头鹰的耳朵里。

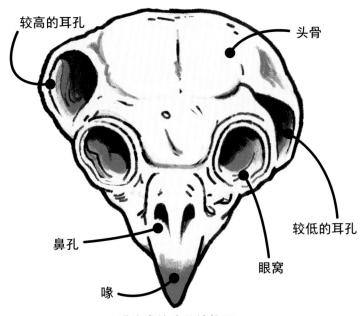

猫头鹰的头骨结构图

如果位置较高的耳孔听到的声音更大，猫头鹰就知道猎物在自己的上方飞行。

如果位置较低的耳孔听到的声音更大，猫头鹰就知道猎物在自己的下方游荡。

依据声音传入两侧耳孔的先后顺序，猫头鹰还能察觉出声音来自左边还是右边。

回声，回声，回声定位

和猫头鹰一样，蝙蝠也是夜行性动物。为了在黑暗中定位和寻找食物，蝙蝠会使用一种叫**回声定位**的方法。它们会让空气穿过自己喉部的声带，声带振动发出复杂的声波。一些蝙蝠会通过鼻子发出声波，它们的鼻子上有一个叶状结构，就像扩音器一样。人类的耳朵无法听到蝙蝠发出的高频声音。

这些声波通过空气传播，然后被物体反射，产生回声。蝙蝠仔细聆听回声，以此收集信息。有了这些信息，蝙蝠的大脑就可以判断出潜在猎物的位置，以及它的大小、移动的速度和方向。

精巧的耳朵

科学家们认为，蝙蝠外耳不同的大小、形状、褶皱和纹路都能帮助它们接收和传递声音。

神奇的听力

你知道吗？乌林鸮（一种猫头鹰）的听觉非常敏锐，它们能听到厚达 60 厘米的积雪下一只老鼠移动的声音！

嗅觉很棒！

黑暗中，一条爬行着的蛇如何找到下一餐的食物呢？用它分叉的舌头！

犁鼻器

1. 蛇伸出舌头，从空气、水里或地表等处收集气味。

2. 蛇把舌尖压入上颚的两条导管里。这些导管通向一个嗅觉器官，这个器官叫犁鼻器。

3. 犁鼻器里的细胞"读取"气味，并将信息传递给蛇的大脑，以帮助它定位猎物。

为什么 长胡须?

你有没有注意到？夜行性哺乳动物，如老鼠、浣熊和赤狐，它们都有胡须。动物会利用这些非常灵敏的毛发来"感知"和收集信息。

当胡须接触到某个东西时，它们就会振动。振动的幅度取决于物体的大小、形状和质地。每根胡须根部的神经细胞会将这些振动的信息传递给大脑，这些信息使动物即使在黑暗中也能很好地了解周围的环境。

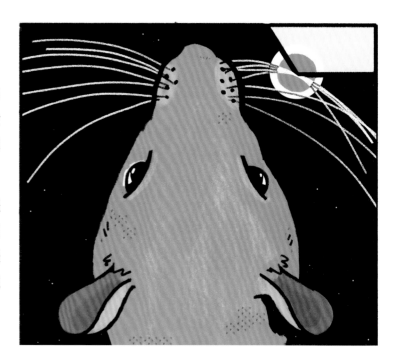

感知能力

许多夜行性动物能把多种感知（视觉、听觉、嗅觉和振动觉）收集到的信息整合起来，以便在夜间定位、寻找猎物并躲避危险。

有用的**振动**

你可能认为，夜行性蜘蛛有 8 只眼睛，视力肯定非常好……但其实许多蜘蛛的眼睛只能判别明亮和黑暗。

为了察觉到蜘蛛网上哪怕是最微小的振动，蜘蛛会运用**琴形器**——蜘蛛腿上成群的微小的平行狭缝，能连接到神经末梢。这些器官高度敏感，能让蜘蛛分辨出是飞蛾、苍蝇、蜜蜂，还是另一只蜘蛛在碰触它的蜘蛛网。

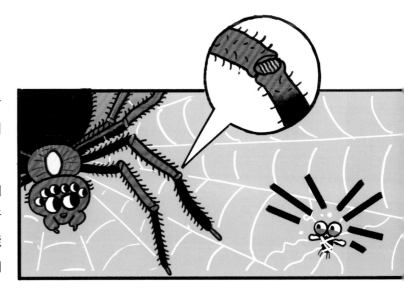

睡了，但没完全睡着

海豚、海豹、鲸、海牛等海洋动物和一些鸟类可以同时保持清醒和睡眠两种状态！这种行为被称为**半脑睡眠**。

例如，海豚的大脑可以一侧脑半球休息，而另一侧脑半球保持警惕，监视捕食者，并发出信号，告诉身体何时该上浮换气。海豚的两个脑半球会交替处于"睡眠"和"警觉"两种状态，所以每个脑半球都有休息的机会。保持警觉的那个脑半球甚至可以将了解到的所有东西传递给睡眠的脑半球。

研究表明，海豚用这种方法可以保持至少连续 15 天的清醒状态，并对环境的改变做出精准的回应。

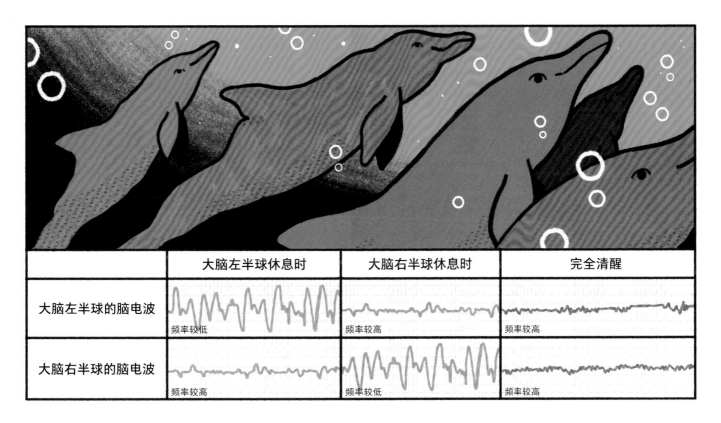

	大脑左半球休息时	大脑右半球休息时	完全清醒
大脑左半球的脑电波	频率较低	频率较高	频率较高
大脑右半球的脑电波	频率较高	频率较低	频率较高

当光线出现问题

和人类一样，夜行性动物也有昼夜节律。黑暗向它们的大脑和身体发出信号，告诉它们现在是时候要起床、寻找食物、建造住所和交配了。但有时，**光污染**会干扰这些活动。光污染是指人造光过多，如夜间出现过多非自然的亮光，对人类和动植物生存环境造成不良影响的现象。光污染会威胁到夜行性动物的健康和生存。

黑夜里，人类开着的灯会吸引飞蛾和其他昆虫。每年有数十亿只昆虫因这个原因而死亡。

我们能做些什么？

我们需要把夜空视为一种宝贵的自然资源，并加以保护。你可以做以下一些事情，防止光污染，减少光污染对夜行性动物的负面影响：

- ✔ 晚上，鼓励家人关掉不必要的灯。
- ✔ 建议所在社区附近的商家在晚上关掉不必要的灯。
- ✔ 请求所在地政府使用只向下照明的节能路灯。
- ✔ 为保护夜行性动物筹集资金。
- ✔ 和你的朋友们交流，让他们也参与这些活动！

月圆时，许多蛇、蝾螈和青蛙的活跃度会降低，它们会选择在更黑的夜晚出来捕猎或觅食，因为这样能降低它们被捕食的概率。光污染使得每个夜晚都像月圆之夜，导致这些生物无法捕捉到足够的食物以维持生存。

像莺和麻雀这样的鸟类会利用月亮和星星进行定位。灯光璀璨的城市会让它们感到迷惑，可能导致它们撞到建筑物上。

萤火虫通过腹部的发光器与同类进行交流，这离不开黑暗的环境。夜晚明亮的灯光会让这些有翅膀的甲虫很难探测到彼此的信号，阻碍它们吸引配偶、引诱猎物。

雌海龟会在黑暗中爬到岸上产卵，刚孵出的小海龟也会趁黑暗寻觅回大海的路。过多的人造光会阻碍雌海龟产卵，并引诱刚孵化出的小海龟离开水，让捕食者更容易抓住它们。

夜间的
植物

春季和夏季，我们周围的自然环境中充满着绿叶和生命力十足的花朵。但天黑后，这些植物是什么样子的呢？

和其他生物一样，植物也有昼夜节律。如果你曾全天观察过一棵向日葵，你就会发现它在一天里会随着太阳慢慢地从东转向西，由此，你可以了解到向日葵体内的生物钟是如何工作的。

植物的茎、叶和花等器官中都分布着**光敏色素**。光敏色素是一种对光敏感的微小分子，可以感知出外界是白天还是黑夜，并利用这些信息引发植物内部的化学反应，促进植物的生长和发育。

植物睡觉吗？

夜里，植物并不会像人类那样睡觉。但许多植物会在黄昏或闭合花朵，或垂下、合拢叶子。这种特性叫**感夜性**。

虽然科学家们还不确定为什么这些植物会进化出这种夜间的行为，但他们也提出了一些假设。

天黑后，植物闭合花朵或垂下叶子，可能是为了保存能量。因为在白天，它们需要向上伸展吸收阳光，吸引昆虫授粉。

有些植物闭合花朵，可能是为了防止花粉被露水浸湿。干花粉更容易被风吹走，传播到其他地方。

天黑后，一些植物会把叶子合拢，以抵御夜间的捕食者。对在地面奔跑的动物而言，吃一棵合上了叶子的植物会更麻烦。

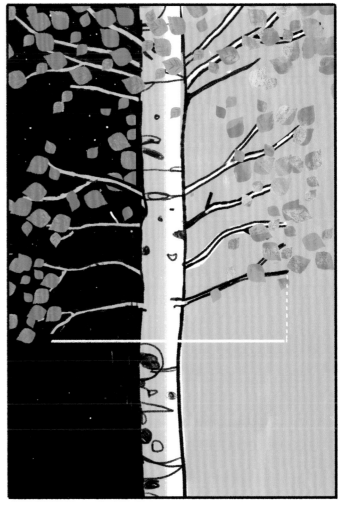

夜晚，桦树会将所有树枝的枝梢下垂几厘米！在清晨太阳升起之前，树枝会逐渐恢复到白天的正常位置。

晚上，虞美人会通过改变细胞内部压力闭合花朵。面对黑暗，有些植物会将水分从花瓣底部的细胞抽离，使花瓣向内合拢。

绿色能源

我们人类需要吃东西来保持活跃和健康。而植物也需要摄入食物和能量。但是植物无法从厨房里得到食物，它们主要依靠两个内部过程获得能量：**光合作用**制造食物；**细胞呼吸作用**分解食物并释放能量。

白天，植物同时进行光合作用和细胞呼吸作用。晚上没有阳光，光合作用无法进行。然而，植物的细胞呼吸作用昼夜不停，即使外面漆黑一片，它们也在释放能量。

2 植物从阳光中吸收能量，从空气中吸收二氧化碳。

1 光合作用发生在**叶绿体**中。叶绿体是一种主要存在于植物叶肉细胞里的微小结构。叶绿体含有叶绿素分子，这是一种能吸收阳光的绿色色素。

5 光合作用中产生的氧气被植物排放到空气中。

4 在细胞呼吸作用的过程中，植物利用氧气分解有机物，产生二氧化碳和水。这个过程会释放出植物储存的能量，这些能量将被用于植物自身的生长、开花、结果。

3 植物吸收水分，然后将光能、水和二氧化碳合成，释放氧气，产生葡萄糖等有机物。葡萄糖就是植物的主要能量来源。

植物会数学

夜晚，植物面临着一个难题：如何用恰当的方式来利用光合作用中储存的能量，以保证这些能量在太阳升起前不会被耗尽？

科学家们发现植物很擅长数学！通过叶片内部的化学反应，植物能测量出它们储存了多少能量，并估算出距离黎明还有多长时间。它们将储存的能量除以夜间的小时数，计算出使用能量的速度。

植物的数学运算非常精确，当太阳升起时，它们所储存的能量通常只剩下一点儿了。这种精确的计算方式和使用能量的方式可以防止植物在夜间饿死或停止生长。

月光下的花园

如果你曾在一个阳光明媚的下午走进花园，你可能看到过色彩鲜艳的花朵吸引着白天的传粉者。那你是否曾在夜间漫步于月光下的花园，尤其是特意种植了供夜间观赏的植物的花园？

一些植物已经适应了夜间环境，它们会吸引蝙蝠或飞蛾等夜间传粉者来传粉。天黑后，这些植物才开出浅色的花朵。花朵在月光下微微发亮。这种夜间开的花中，有很多还会散发出强烈的气味。

月见草在日落后开花，只开一个晚上。它们的花粉特别适合附着在它们的主要传粉者夜行性天蛾身上。

月光花长在藤蔓上，花朵大，花瓣柔软而有光泽。它们在夜间迅速盛放，散发出浓郁的香气。

夜香福禄考也被称为"午夜糖果"，因为它们的花朵有一种甜甜的香气。

夜香树的花在夜间盛开，几千米外的夜间传粉者都能闻到它们浓郁的香气。

那是什么 气味?

巨魔芋（又名"尸花"）是一种特别臭的植物。这种植物有的比成年人还高，每隔几年才开一次花。它的花会散发出一种难闻的臭味，这种臭味在晚上尤为强烈——想象一下臭鱼、腐烂的牛排，或是垃圾箱底部、汗湿的脚吧！这种气味会吸引夜间活动的甲虫，它们喜欢在腐烂的动物肉上产卵。受这种气味的诱惑，甲虫会在植物间来回移动，帮助巨魔芋传播花粉。

甲虫

黑夜巨人

王莲开出的白色花朵约有足球那么大，花朵只在夜间开放。这种花会散发出热量和浓郁的菠萝香味，以吸引金龟子来传粉。

夜之女王

昙花，被称为"夜之女王"，属仙人掌科植物。大多数时候，我们只能看到它光秃秃的茎。每年夏天的某个夜晚，这种植物都会带来一个甜蜜而短暂的惊喜：硕大而美丽、香气馥郁的白色花朵将会盛开，但它会在日出前凋谢。

夜空

在我们生活的这个世界上，天空中有许多发光的物体。但白天我们看不见它们，因为太阳的光芒掩盖住了它们。如果你知道在黑暗中何时何地可以观察到它们，你就能看到恒星、彗星、流星等。

为什么会有夜晚？

我们的生活模式一直是白天和黑夜、光明和黑暗的轮转。但为什么会出现这种情况呢？地球就像一个旋转的陀螺，永不停歇地转动。每 24 小时，地球就会从西向东自转一圈。地球自转的同时，还围绕着太阳公转。太阳光一次只能照射到地球的一面，因为地球不断自转，光面和暗面不断交替，就形成了白天和黑夜的循环。

旋转椅

地球上不同地方的白天和黑夜时长会有所不同。因为地轴倾斜了约 23.5 度，一个半球稍微偏向太阳，那么另一个半球就稍微偏离太阳。这导致一个半球在经历白天更长更炎热的夏天，而另一个半球在经历黑夜更长更寒冷的冬天。由于地球围绕太阳公转，所以每个半球会轮流经历这两种状态。

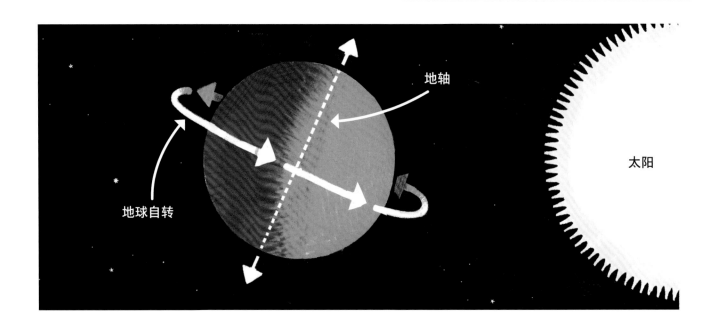

地轴

地球自转

太阳

极昼和极夜

你知道吗？在地球极地地区，一年中有某些日子，白天或黑夜可以持续 24 小时。当太阳一整天始终都不落到地平线以下时，这样的现象被称为**极昼**；而**极夜**则指的是太阳一整天都不从地平线上升起的现象。

在北半球的夏季，挪威、芬兰、俄罗斯、加拿大、美国的阿拉斯加以及格陵兰岛等地的部分地区，会出现极昼。在南半球的夏季，南极也会出现极昼。而冬天，这些地方会经历极夜。生活在这些地区的人们，因为大脑和身体没有接收到应有的自然光线和黑暗，可能会出现睡眠时长不足的情况。

极昼

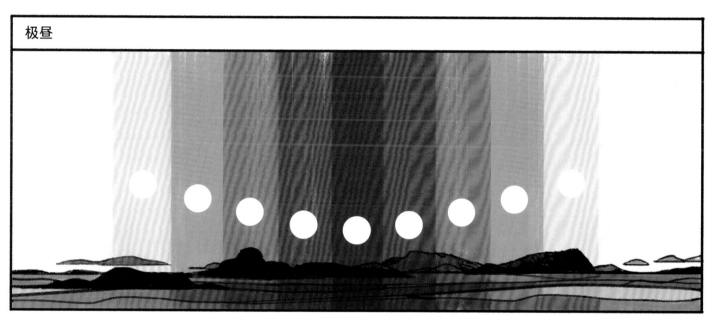

极夜

星星明，星星亮

在一个晴朗无月的夜晚，远离城市的灯光，我们的眼睛可以看到 2000～2500 颗恒星（这只是我们所在的银河系数千亿颗恒星中的一小部分）。在我们看来，恒星通常为白色，这是因为它们离我们太远，发出的光受地球大气层影响较大，因此，我们看到的光是很微弱的，且只能看到其中的白色光。实际上，不同的恒星会发出不同颜色的光。

在我们看来，恒星很小很小。但大部分恒星其实是一颗颗硕大无比、通过自身引力将气体聚集起来的气体球。通过**核聚变**过程，恒星产生能量，才能发光。大多数恒星中心的温度和压力高到足以让氢原子结合并形成氦。核聚变过程产生的热量和光能会传输到太空中。

光辉灿烂！

许多人认为，夜空中最亮的恒星是北极星。实际上，天狼星才是夜晚地球上肉眼可见的最亮的恒星。这颗蓝白色的星球在夜空中闪烁着耀眼的光芒。天狼星在 8.6**光年**之外，是距离我们很近的一颗恒星。

北极星距离地球更远些，是一颗中等亮度的恒星，但我们仍然可以清楚地看到它。在北半球，北极星位于小熊座"斗柄"的末端，是目前肉眼可见的最靠近北天极的恒星。长期以来，这颗恒星一直是人类和鸟类的重要导航工具。对我们来说，北极星看起来就像是一个光点，但实际上它是由三颗恒星组成的**三合星系统**。

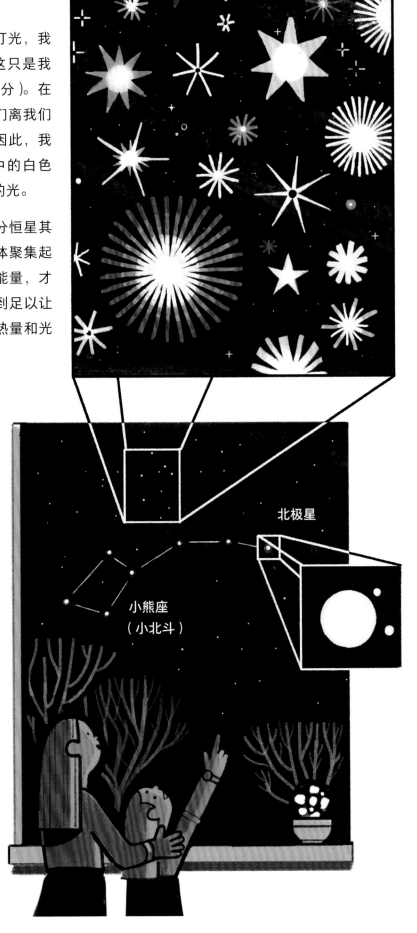

北极星

小熊座
（小北斗）

一闪一闪

为什么恒星会在夜空中闪烁？恒星离地球如此之远，以至于每一颗恒星发出的光芒在人类眼中都像一个点。大气层由不同温度的流动气体组成，星光穿越地球的大气层时方向会发生轻微的改变。光线以之字形而不是直线的方式进入我们的眼睛。所以，尽管大多数恒星看起来都在闪烁，但其实它们一直在发光。

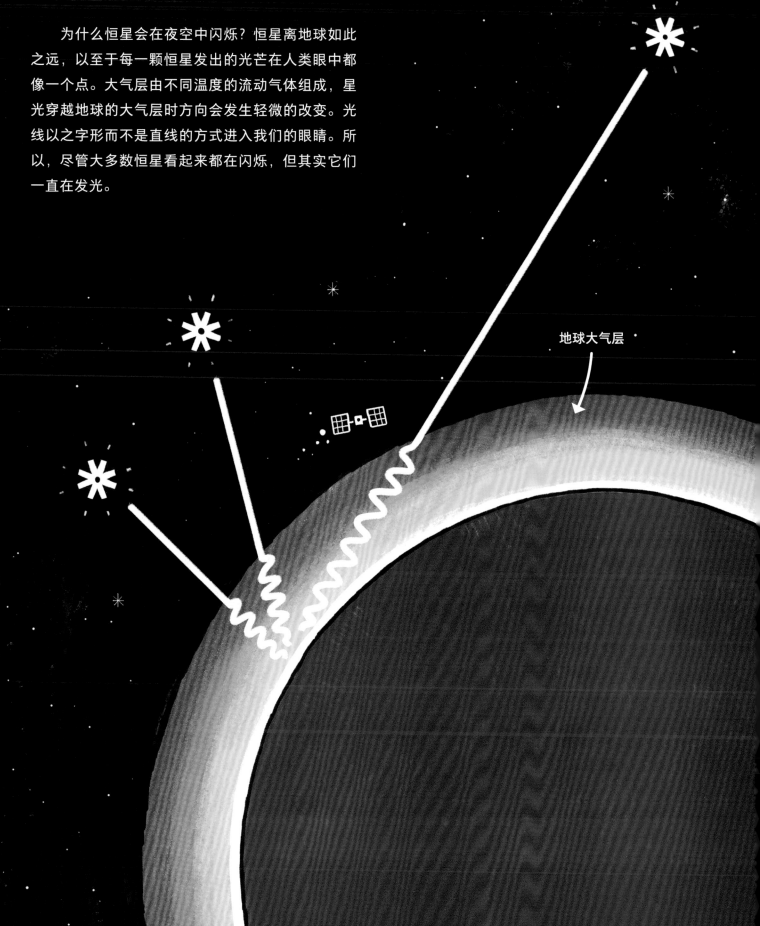

地球大气层

星座和图案

当你抬头看星星的时候，你看到星星连成的图案了吗？也许你已经发现了像大熊座、小熊座、猎户座和仙后座这样的**星座**。官方正式认可的星座共有 88 个。每一个星座都有名字，它们在夜空中形成了特定的形状或图案。

星座是由想象力丰富的人们创造出来的。很久以前，人们用星星导航、判断季节变化，或者讲述重要的故事。人们把星星分组，组成图案，方便解读夜空。但其实组成一个星座的恒星之间通常有几十光年、几百光年甚至几千光年的距离！

这样一张星空图
可以帮你识别可见星座。

活跃的行星

恒星并不是夜空中唯一明亮的物体，行星也经常会被人们观察到。行星本身并不发光，但它们会反射太阳的光，所以我们才有可能看到行星。如果你知道在何时何地观测，那么你只用眼睛就能找到一些行星。

太阳

水星，在地球的不同地区看到的亮度不同。

金星，大气层反射光线的能力强，因而闪耀着灿烂的光芒。

地球

火星，当它靠近地球时，看起来特别耀眼。

土星，在围绕着它的光环处于最高亮度时，比大多数恒星都要闪亮。

天王星，在晴朗而黑暗的夜空中，几乎看不见它。

木星，比天狼星更明亮。

海王星，没有望远镜就看不到它。

 持续发光

通常，行星在夜空中会持续发光，而不是像恒星那样闪烁。它们比恒星离地球更近，所以每颗行星看起来都像一个小圆盘，而不是一个极小的光点。当一颗行星反射的阳光穿越地球大气层时，由于距地球较近，受大气影响更小，所以行星看上去像一个发光的圆盘。又因为光面上不同光点发生的折射会相互抵消，所以我们就看到了相对稳定的光。

月有阴晴圆缺

你见过的月亮，有时是圆形，有时是月牙形。为什么月亮的形状会发生变化呢？

像行星一样，月球发光是因为它的表面能反射太阳光。月球面向太阳的那一面被照亮，我们就能看见它。每隔约 27.3 天，月球绕自转轴完成一次自转，形成自己的昼夜循环。同时，它也正好绕地球公转了一圈。由于太阳、地球和月球的位置不断改变，月亮就表现出了阴晴圆缺的变化。

新月　蛾眉月　上弦月　盈凸月　满月　亏凸月　下弦月　残月

自转周期

月球的自转速度与绕地球的公转速度完全一致。无论月亮处于哪个阶段，或是哪个季节，我们总会看到月亮的同一面。

月亮大小的错觉

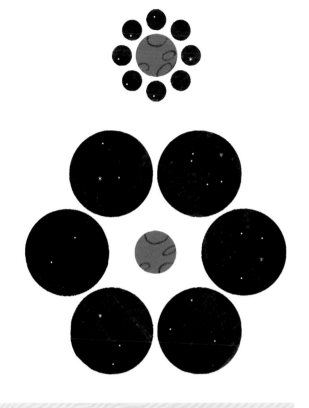

你有没有发现，月亮在天空中较低的位置时，看起来比在天空较高的位置时更大、更明亮？这是一种视错觉，实际上月亮的大小并没有发生变化。科学家们也不确定，为什么月亮在天空中较低的位置时看起来会更大。德国心理学家赫尔曼·艾宾浩斯在19世纪发现的艾宾浩斯错觉也许可以解释这一现象。如右图所示，在这两个图案中，哪个图案中间的圆看起来更大？

答案是，两个图案中间的圆大小一样！但是，上面图案里的圆看起来更大，是因为周围一圈黑色圆形的大小影响着我们的感知。当月亮处于天空中较低的位置时，它更靠近地面上的树木、山脉和建筑物，看起来显得更大；但是，当月亮处于天空中较高的位置时，它被浩瀚的夜空包围，看起来似乎就显得更小巧一些。

月食成因

偶尔，当出现满月时，我们可能会看到**月食**。当太阳、地球和月亮位于一条直线或几乎在一条直线上时，就会发生月食。地球挡住了太阳直射向月球的光线，地球的阴影覆盖住月球的全部或部分表面。月全食时，月亮会发出微红色的光芒，因为阳光经过地球，被地球大气层过滤后只剩下波长最长的红色光，这些红色光间接照亮了月球表面。

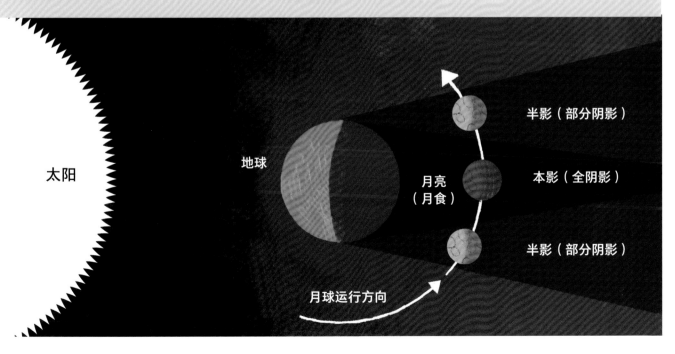

太阳

地球

月亮
（月食）

半影（部分阴影）

本影（全阴影）

半影（部分阴影）

月球运行方向

"冷酷"的彗星

太阳系的外围区域很冷，据说那儿有数十亿颗**彗星**，它们围绕着太阳运行。46亿年前太阳和行星形成时遗留下来的冰冻气体、岩石和尘埃组成了很多冰冷的天体，就是彗星。偶尔，明亮的彗星会出现在我们的夜空，创造出一场壮观的光影表演。

当一颗彗星运行到靠近太阳的轨道时，它会被加热，表面的一些冰会升华，升华后的气体和尘埃组成了一个光环（彗发），环绕着彗星冰冷的中心（彗核）。太阳发出的高能粒子流将气体和尘埃推离彗星，从而形成长达上亿千米长的闪闪发光的彗尾。

每年人们都会发现新的彗星，通常以发现它们的人或航天器的名字来命名这些彗星。

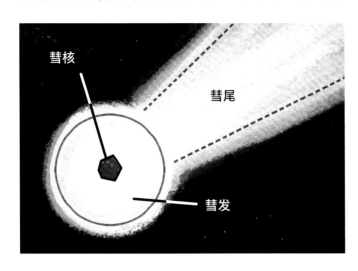

彗核

彗尾

彗发

漫长的旅程！

围绕太阳运行一周的时间不足200年的彗星被称为短周期彗星。它们来自柯伊伯带，这是太阳系中刚刚超出海王星轨道的区域。而其他彗星绕太阳一周可能需要3000万年！这些长周期彗星来自奥尔特云。奥尔特云非常庞大，由冰冷的碎片组成，包围着太阳系。

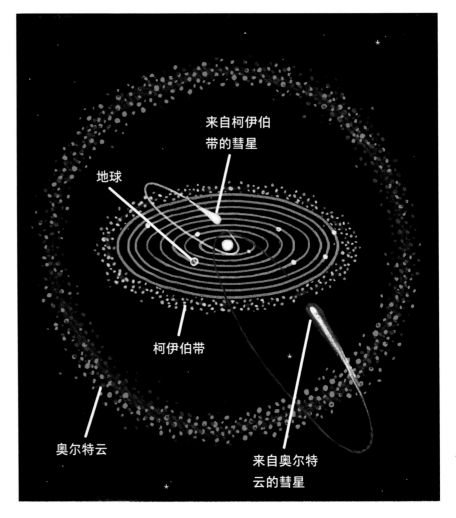

来自柯伊伯带的彗星

地球

柯伊伯带

奥尔特云

来自奥尔特云的彗星

流星的"魔法"

你见过划破长空的星星吗？你看到的其实是一颗**流星**，它是一块穿过地球大气层下落的天体。当这些天体划过天空时，它们与大气层中的气体产生摩擦。因为摩擦力太大，天体就会出现一道光芒。

晴朗无月之夜，在远离城市灯光的地方，每小时都可能看到几颗流星。在流星雨期间，我们会看到更多的流星。当地球穿过彗星或小行星留下的尘埃粒子带时，我们就可能看到流星雨。地球每年都在同样的日期穿过某些彗星和小行星的轨道，因此天文学家可以预测到观测流星的最佳时间。

流星雨	高峰之夜*	每小时流星数（颗）
象限仪座流星雨	1 月 3 日 ~ 1 月 4 日	60 ~ 200
天琴座流星雨	4 月 21 日 ~ 4 月 22 日	10 ~ 15
宝瓶座 η 流星雨	5 月 5 日 ~ 5 月 6 日	40 ~ 85
宝瓶座 δ 南流星雨	7 月 27 日 ~ 7 月 28 日	15 ~ 20
英仙座流星雨	8 月 11 日 ~ 8 月 12 日	60 ~ 100
猎户座流星雨	10 月 20 日 ~ 10 月 21 日	约 25
狮子座流星雨	11 月 17 日 ~ 11 月 18 日	10 ~ 15
双子座流星雨	12 月 13 日 ~ 12 月 14 日	60 ~ 120

* 部分流星雨最佳观测时间，可能会有一到两天的误差。

惊人的**极光**

极光舞动的光芒是大自然丰富多彩的夜间展示活动之一。极光也被称为南北极光，它在黑暗的天空中闪烁出粉色、绿色、黄色、蓝色和紫色等多种颜色的光。但它们是如何产生的呢？

太阳会释放出带电粒子，其中一种稳定的粒子流，被称为太阳风；还有一种规模巨大、突发性的释放，被称为太阳耀斑。其中大部分粒子被地球上看不见的磁场反弹开。还有些粒子会到达地球，并被南北磁极吸引。当这些粒子撞击地球高层空气分子或原子时，被激发或串离的分子或原子就会发光，这种现象被称为极光。

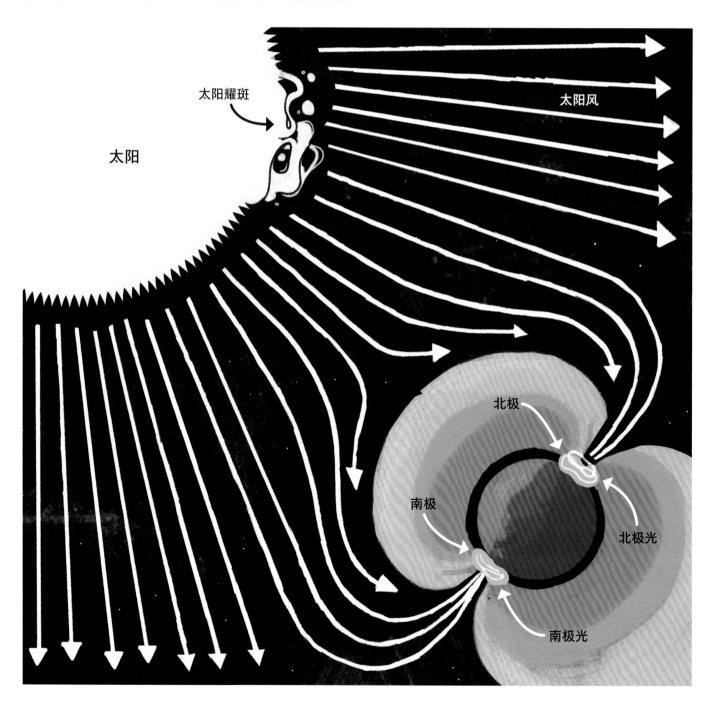

太阳耀斑

太阳

太阳风

北极

南极

北极光

南极光

极光的观赏地点

太阳风几乎每晚都会产生极光。但在太阳风暴期间，太阳变得活跃，极光可能会特别灿烂而壮观。冬夜最适合观赏极光，因为冬季里黑夜的时间更长，空气更清新且杂质少。

挪威、瑞典、芬兰、冰岛、加拿大北部、美国的阿拉斯加及格陵兰岛是观赏北极光的最佳地点。南极光则出现在南极洲，但有时在澳大利亚南部和新西兰也能看到南极光。

临睡前的最后一些思考……

当我们闭上眼睛入睡时，世界不仅是黑暗和安静的——它还充满了生命力。我们的大脑会自我清洁、造梦和处理信息。我们的身体会分泌激素、修复组织、改变睡姿和打鼾。各种夜行性动物在四处寻找食物、搭建住所和寻找配偶。植物一整夜都在分解有机物，以促进自身生长，有一些花会在天黑后盛开。夜空中，

太阳系的天体在自转、绕轨运行、划过夜空，其发出或反射的光线会照向我们。

当我们睡着时，夜晚仍在发生着许多激动人心的奇妙的事情。也许你可以在梦里见到它们。

术语表

半脑睡眠：一些鸟类和水生哺乳动物的一种睡眠状态。在这种睡眠状态下，动物的一个脑半球休息，而另一个脑半球保持警惕。

大脑边缘系统：大脑中一组互相关联的组织的总称，与情绪、记忆和行为有关。

反光膜：某些动物眼部脉络膜与视网膜之间的一层薄而平滑的膜状结构，又称"银膜"或"照膜"。是一层反光组织，可加强视网膜对光线的感受性。部分夜行性动物、深海脊椎动物的眼睛内有反光膜。

非快速眼动睡眠：睡眠过程之一，以非快速眼球运动为特点。

感夜性：植物面对黑暗环境局部（特别是叶子和花）会发生变化的特性，如垂下、合起叶子或闭合花朵。

光合作用：绿色植物吸收光能，将水和二氧化碳合成葡萄糖等有机物，并释放出氧气的过程。

光敏色素：一类存在于植物细胞内的色素，它能感知不同波长的光。植物主要通过这种色素接收外界的光信号来调节自身的生长发育。

光年：天文学上的一种距离单位，光在真空中 1 年内经过的路程为 1 光年，约等于 9.5 万亿千米。

光污染：过量的人造光对人类和动植物及气候造成不良影响的现象。

核聚变：一种核反应形式，即两个或两个以上轻原子核高速碰撞，生成新的较重原子核。

回声定位：某些动物，如蝙蝠，发出超声波，并利用反射回来的声音进行定位的方法。

彗星：来自太阳系外围区域的绕着太阳旋转的天体，由太阳系形成过程中遗留下来的冰冻气体、岩石和尘埃组成。通常在背着太阳的一面拖着一条扫帚状的长尾巴。彗星的体积很大，密度很小。

激素：生物体内分泌腺或分泌细胞产生的化学物质。对机体的代谢和生理功能起重要调节作用。

极光：在高纬度地区，高空中出现的一种光现象。由太阳发出的高速带电粒子进入地球两极附近，激发或电离高空大气中的原子和分子而引起。通常呈弧状、带状、幕状或放射状，微弱时呈白色，明亮时呈黄绿色，有时还有红、灰、紫、蓝等颜色。

极夜：一种自然现象，指极圈以内的地区，每年总有一个时期太阳一直在地平线以下，一天 24 小时都是黑夜。

极昼：一种自然现象，指极圈以内的地区，每年总有一个时期太阳不落到地平线以下，一天 24 小时都是白天。

快速眼动睡眠：睡眠过程之一，以快速眼球运动为特点。

犁鼻器： 某些生物（如蛇）鼻腔前部的一对盲囊，是一种开口于口腔顶壁的化学感受器。

流星： 分布在星际空间的细小物体和尘粒叫作流星体。它们飞入地球大气层，跟大气摩擦产生热和光，这种现象叫流星。通常所说的流星指这种短时间发光的流星体。

前额叶皮质： 大脑内一组互相关联的组织的总称，控制着解决问题、计划和推理等重要功能。

琴形器： 蛛形纲动物腿上的一组微小的平行狭缝，高度敏感，用来探测振动情况。

三合星系： 由三颗恒星组成的恒星系统。

视交叉上核： 大脑中的一个微小结构，负责协调身体内包括昼夜节律等各种重要的生物节律活动。

曙暮： 太阳刚升起，天色刚亮的时期称为曙；太阳刚落下，天空仍然明亮的时期称为暮。

细胞呼吸作用： 在氧气的参与下，细胞内的葡萄糖等有机物氧化分解，形成二氧化碳和水，并释放出有机物中存储的能量的过程。利用这一过程中释放出来的能量，植物得以生长和发育。

星座： 天文学上为了研究的方便，把星空分为若干区域，每一个区域叫作一个星座，有时也指每个区域中的一群星。每个星座都有不同的名称。

叶绿体： 植物细胞质中进行光合作用的一种细胞器，内含叶绿素、酶和脱氧核糖核酸。

月食： 一种天文现象，指地球运行到月球和太阳中间时，太阳光正好被地球挡住，使月球处于地球的阴影中的现象。

昼夜节律： 生物体内的生物钟为适应外界环境的昼夜变化，建立起的以 24 小时为循环的规律周期。

索引